Conception et développement d'une plateforme de smarthouse

Gheribi Rimeh

Conception et développement d'une plateforme de smarthouse

Éditions universitaires européennes

Impressum / Mentions légales
Bibliografische Information der Deutschen Nationalbibliothek: Die Deutsche Nationalbibliothek verzeichnet diese Publikation in der Deutschen Nationalbibliografie; detaillierte bibliografische Daten sind im Internet über http://dnb.d-nb.de abrufbar.
Alle in diesem Buch genannten Marken und Produktnamen unterliegen warenzeichen-, marken- oder patentrechtlichem Schutz bzw. sind Warenzeichen oder eingetragene Warenzeichen der jeweiligen Inhaber. Die Wiedergabe von Marken, Produktnamen, Gebrauchsnamen, Handelsnamen, Warenbezeichnungen u.s.w. in diesem Werk berechtigt auch ohne besondere Kennzeichnung nicht zu der Annahme, dass solche Namen im Sinne der Warenzeichen- und Markenschutzgesetzgebung als frei zu betrachten wären und daher von jedermann benutzt werden dürften.

Information bibliographique publiée par la Deutsche Nationalbibliothek: La Deutsche Nationalbibliothek inscrit cette publication à la Deutsche Nationalbibliografie; des données bibliographiques détaillées sont disponibles sur internet à l'adresse http://dnb.d-nb.de.
Toutes marques et noms de produits mentionnés dans ce livre demeurent sous la protection des marques, des marques déposées et des brevets, et sont des marques ou des marques déposées de leurs détenteurs respectifs. L'utilisation des marques, noms de produits, noms communs, noms commerciaux, descriptions de produits, etc, même sans qu'ils soient mentionnés de façon particulière dans ce livre ne signifie en aucune façon que ces noms peuvent être utilisés sans restriction à l'égard de la législation pour la protection des marques et des marques déposées et pourraient donc être utilisés par quiconque.

Coverbild / Photo de couverture: www.ingimage.com

Verlag / Editeur:
Éditions universitaires européennes
ist ein Imprint der / est une marque déposée de
OmniScriptum GmbH & Co. KG
Heinrich-Böcking-Str. 6-8, 66121 Saarbrücken, Deutschland / Allemagne
Email: info@editions-ue.com

Herstellung: siehe letzte Seite /
Impression: voir la dernière page
ISBN: 978-3-8417-4839-3

Résumé

Le présent projet de fin d'études est proposé par la société de développement des systèmes embarqués GREEN CONTROL.

Notre tâche est d'implémenter une plateforme de commande à distance dédiée aux maisons.

L'équipement domiciliaire à l'intérieur alors peut être contrôlé à distance depuis un Smartphone tournant sous ANDROID. Le contrôle sera littéralement fait par la plateforme matérielle ARDUINO qui reçoit les ordres depuis le Smartphone à travers le réseau Internet.

Tout au long du projet, nous étions amenés à mettre en place un nouveau concept qui est le SmartHousing.

Mots clés: Smartphone, ANDROID, ARDUINO, SmartHousing.

Abstract

This graduation project is proposed by the company developing embedded systems GREEN CONTROL.

Our task is to implement a platform dedicated to remote homes.

The equipment inside can be controlled remotely from a Smartphone running under ANDROID system. The control will be literally done by ARDUINO hardware platform that receives commands from the Smartphone via Internet.

Throughout the project, we were asked to develop a new concept which is SmartHousing.

Key-words: Smartphone, ANDROID, ARDUINO, SmartHousing.

Biographie

En tant qu'ingénieur en électronique diplômé de la Faculté des Sciences de Tunis (FST) en 2014 (filière Ingénierie en Electronique des Systèmes Embarqués), j'ai toujours eu une passion pour les nouvelles technologies et l'informatique.

Cette passion, issue de mon contact très tôt avec les jeux vidéo, s'est par la suite amplifiée en 2006, au lycée, avec ma première ouverture sur l'univers de la programmation.

À l'époque, ayant également un attrait fort pour les mathématiques, j'ai orienté mon choix d'études supérieures vers une filière alliant à la fois ce domaine et ma passion.

C'est pourquoi, après avoir obtenu un baccalauréat mathématique en 2008, j'ai intégré le cycle préparatoire filière Mathématique Physique (MP) à la Faculté des sciences de Tunis dont j'ai été diplômé en 2011. Cette filière a été pour moi l'occasion d'acquérir un bagage scientifique solide allié à de premières notions d'algorithmique et de développement informatique. Souhaitant poursuivre d'avantage dans ce domaine j'ai par la suite cherché à devenir ingénieur en électronique.

En 2011, j'ai donc rejoint le département d'ingénierie à la FST afin d'y recevoir une formation de qualité valorisant l'innovation et l'esprit d'initiative. Ce cursus m'a permis d'aborder différents domaines de l'informatique.

J'ai également eu l'opportunité de participer à l'élaboration de plusieurs projets professionnels réalisés en parallèle de mes études ainsi qu'à plusieurs stages de longue durée en entreprise. Parmi mes réalisations universitaires on retrouve la conception de la partie opérative d'un tachymètre numérique, l'étude des services data de Tunisie Telecom et le développement et la conception d'une plateforme de smarthouse

À l'issue de mes études j'intègre, en 2014, Ardia (an Actia group company) au sein du pôle technologique de Tunis en tant qu'ingénieur test & validation.

Dédicaces

A mes parents;

A mes sœurs;

A tous mes amis ;

A tous ceux qui m'ont aidés à élaborer ce projet ;

Qu'ils trouvent dans ce travail toutes mes profondes affections ;

mes hautes gratitudes et mes meilleures considérations.

Avec mes meilleurs vœux.

Remerciements

Je tiens à remercier dans un premier temps, toute l'équipe pédagogique de le Faculté des Sciences de Tunis et les intervenants professionnels responsables de la formation des ingénieurs en Electronique pour avoir assuré la partie théorique de celle-ci.

Je tiens également à remercier tous ceux qui ont participé à m'encadrer durant ce projet de fin d'études et en particulier à :

➢ Monsieur LATRACH Lassaad pour son aide et les conseils concernant les missions évoquées dans ce rapport qu'il m'a apporté lors des différents suivis.

➢ Monsieur MASMOUDI Mohamed directeur de la société **Green Control** pour ses aides appréciables et ses directives judicieuses. Mes profonds respects sont dirigés à ses qualités morales et scientifiques qui resteront un modèle à suivre et susciteront toujours notre grande admiration.

➢ Finalement et avec beaucoup d'égard, je ne manquerais pas de remercier toute personne qui a participé de près ou de loin à l'élaboration de ce travail.

Rymeh Gherili

Sommaire

Liste des figures

Liste des tableaux

Introduction Générale

Avec la diversité des moyens de communication humaine, les technologies de l'information et des télécommunications sont devenues une condition suffisante pour assurer une communication illimitée avec tous les habitants de la planète. Nous pouvons alors nous demander quelle sera la prochaine étape.

La communication homme-machine ou machine-machine peut-être considérée comme étant un nouveau type de dialogue possible. En effet, depuis une dizaine d'années les appareils deviennent intelligents, agissent selon le profil des utilisateurs et sont capables de prendre des décisions de manière autonome.

Dans ce cadre la technologie des Smartphones devienne de plus en plus demandée. C'est vrai, les smartphones sont très pratiques avec la caméra intégrée, l'accès internet, l'agenda électronique… Imaginons le même principe en format plus grand, une maison entière bourrée de ces merveilles de technologies modernes, il s'agit d'une smarthome, une maison intelligente. *Qu'est-ce qui fait la différence entre cette maison dite « intelligente » et une maison classique ? En quoi serait-elle une maison « intelligente » ?*

Les meubles et les équipements n'ont rien d'intelligent évidemment, l'intelligence de ces maisons consiste à connecter les différents équipements entre eux.

Avec une simple tablette tactile ou un smartphone on peut contrôler toute la maison : démarrer le lave-linge, activer le système d'alarme, allumer les lumières et plein d'autres actions.

La smarthome est une construction contemporaine banale à première vue, mais à l'intérieur, la maison intelligente est truffée d'électronique. Cette technologie est au service des habitants pour répondre aux besoins de confort (gestion d'énergie, optimisation de l'éclairage et du chauffage…).

C'est dans ce cadre que s'inscrit notre projet de fin d'études intitulé « *Conception et développement d'une plateforme de Smarthouse* ». Ce projet a pour objectif de développer un système ou une plateforme d'aide à l'administration des équipements domestiques.

Ce présent rapport décrit de façon détaillée les différentes étapes suivies pour concevoir cette application. Pour cela, nous commençons par un premier chapitre intitulé « Cadre générale et présentation du projet» consacré pour la présentation de notre organisme d'accueil **Green Control** ainsi que le cadre général et les objectifs à réaliser dans notre projet. Le deuxième chapitre, «État de l'art et étude de l'existant» englobe l'ensemble des recherches sur les thématiques et les techniques liées à notre mission ainsi qu'une étude de l'existant avec la solution que nous avons proposée. Dans le troisième chapitre baptisé «Analyse et spécification des besoins», nous identifierons les besoins fonctionnels et non fonctionnels auxquels doit répondre notre application et nous les modéliserons à travers des diagrammes de cas d'utilisation. Après une analyse des besoins, nous passerons à l'étape de conception qui sera le sujet du quatrième chapitre où nous allons présenter l'architecture de notre application en se basant sur les diagrammes de classe et de séquence. Enfin nous clôturons dans le dernier chapitre par exposer les détails de réalisation de notre système, avec justification de nos choix matériels ainsi que logiciels.

Chapitre 1 : Cadre Générale et présentation du projet

Introduction :

Notre projet intitulé « Conception et développement d'une plateforme de SmartHouse » a était proposé dans le cadre de l'élaboration de notre projet de fin d'études effectuée au sein de la société GREEN CONTROL. Le long de ce chapitre, nous allons présenter l'organisme d'accueil, ensuite nous décrivons brièvement le sujet, les objectifs à atteindre et les contraintes du projet.

I. Cadre du projet :

Notre projet a été réalisé dans le but de répondre à un ensemble de besoins qui spécifient précisément les services demandés et attendus par l'utilisateur. Ces services, qui sont regroupés sous le terme "domotique", concernent principalement le confort (commande à distance d'appareils ou équipements,..), l'économie d'énergie (gestion d'éclairage..).

En effet, notre système permet de piloter de façon simple et confortable l'ensemble des équipements électriques notamment l'éclairage, les volets roulants, ainsi il permet à l'utilisateur de consulter les conditions climatiques à savoir la température de son domicile. De plus, l'utilisateur a besoin d'un tel système de pilotage, lorsqu'il est engagé dans son travail. Par exemple, lorsqu'il part le matin de son logement, il peut oublier d'éteindre les lumières. En outre, lorsque l'utilisateur sort en déplacement inattendu, il peut oublier de fermer les fenêtres.

Donc, le but de notre système est de surmonter ces problèmes en offrant le service « Smart House » avec lequel il peut par une simple application sur son Smartphone commander les équipements électriques de son domicile à distance.

II.   Présentation de l'organisme d'accueil : GREEN CONTROL

Green Control est une société spécialisée dans la recherche, le développement et l'accompagnement dans le domaine des technologies de communication M2M (Machine-to-Machine) et elle a comme mission la création d'une plateforme technologique à fin de créer des produits avec ses partenaires industriels.

Green Control se base sur un savoir-faire avancé dans les domaines des systèmes embarqués, des nouvelles technologies de communication et des plateformes informatiques.

–   Entreprise crée en 2013 en tant que SARL.

–   Contribution en tant que R&D pour différents Produits :

   •   Solution de géolocalisation.

   •   Solution de surveillance des installations agricoles et industrielles.

   •   Smart-Metering.

–   Deux sociétés créées par essaimage pour l'industrialisation et la commercialisation.

III.   Présentation du projet :

Dans cette partie, nous allons présenter le cahier des charges proposé par l'entreprise et les objectifs à réaliser ainsi que les contraintes.

III.1 Cahier des charges proposé :

La réalisation du système va consister à mettre en œuvre un microcontrôleur Arduino, interfacé avec un routeur, pour communiquer avec un Smartphone tournant sous Android.

Afin de le concrétiser on va passer par les étapes suivantes :

1. Etude sur l'état de l'art des technologies ayant relation avec notre système.

2. Analyse et spécification des besoins.

3. Conception du système.

4. Réalisation de l'application.

5. Test du fonctionnement de l'application.

III.2 Objectifs à réaliser :

Notre projet de fin d'études a pour objectifs de :

- Présenter une large idée sur la domotique et les acteurs intervenant à la réalisation de ce projet.

- Développer une application mobile sous Android permettant de piloter la carte Arduino.

- Développer une application Arduino qui permet de communiquer avec le Smartphone et permet de commander les différents composants physiques.

Les fonctions que notre système va réaliser sont :

✓ Allumer/Eteindre les lampes.

✓ Allumer les lumières extérieures automatiquement dés le coucher du soleil et les éteindre le matin dés le lever du soleil (c'est un scénario automatique assuré par la plateforme Arduino indépendamment de l'application Android).

✓ Consulter la température.

✓ Consulter l'humidité.

✓ Ouvrir/Fermer les volets roulants.

III.3 Contraintes :

Ce projet de fin d'études est à réaliser durant une période de quatre mois. Au bout de laquelle nous devons réaliser un rapport bien rédigé ainsi qu'une application répondant aux différents besoins qui seront présentés dans la partie « Spécification fonctionnelle et non fonctionnelle » du rapport.

Conclusion :

Tout au long de ce chapitre, nous avons pu situer le cadre général de notre projet de fin d'études, à savoir son contexte, la société d'accueil, le cahier des charges proposé, les objectifs à réaliser ainsi et les contraintes. Dans la partie suivante, nous allons établir le chapitre état de l'art et étude de l'existant dans lequel nous allons faire une étude théorique.

Chapitre 2 : Etat de l'art et étude de l'existant

Introduction :

Nous développons ce chapitre sur deux grands volets. La première partie est une étude théorique concernant les notions en relation avec le projet et la deuxième partie est consacrée à une étude de l'existant.

I.   Avancement technologique quotidien :

Les nouvelles technologies sont omniprésentes dans notre vie et elles ne cessent pas de nous étonner par la qualité et la rapidité de ses fonctions. Elles améliorent nos vies par sa quantité d'informations ouvertes à tous, elles informent de tout ce qui se produit partout dans le monde, elles nous dirigent dans la prise de décision et permettent de s'actualiser facilement. Voici quelques technologies qui ont une grande réputation et qui sont nécessaires pour l'élaboration de notre projet.

I.1 l'internet des objets :

Nous sommes à l'aube d'une nouvelle révolution technologique majeure: l'Internet des objets. « *La première vraie révolution technologique du XXIe siècle* » selon Jean-Luc Baylat, président d'Alcatel-Lucent Bell Labs France.

L'Internet des objets (IdO) repose sur l'idée que tous les objets peuvent être connectés un jour à Internet et sont donc capables d'émettre de l'information et éventuellement de recevoir des commandes. Il est prévu en 2020 près de 50 milliards d'objets connectés sur terre. Par objets connectés, il ne faut pas juste comprendre tablettes et mobiles, mais également de nombreux autres supports et capteurs. L'Internet des objets propose de créer une continuité entre le monde réel et le monde numérique : il donne une existence aux objets physiques dans le monde numérique. Cette technologie se concrétise à travers les objets communicants qui envahissent progressivement notre quotidien afin de nous simplifier la vie : carte de transport sans contact, compteurs électriques intelligents, mobile tag, télévision connectée, systèmes permettant la traçabilité des objets, paiements mobiles, domotiques, etc [N1].

La figure 1 illustre les principaux systèmes technologiques nécessaires au fonctionnement de l'IdO.

Type de systèmes	Identification (y compris lecteurs)	Capteurs	Connexion	Intégration	Traitement de données	Réseaux
Enjeux	Reconnaître chaque objet de façon unique et recueillir les données stockées au niveau de l'objet.	Recueillir des informations présentes dans l'environnement pour enrichir les fonctionnalités du dispositif.	Connecter les systèmes entre eux.	Intégrer les systèmes pour que les données soient transmises d'une couche à l'autre.	Stocker et analyser les données pour lancer des actions ou pour aider à la prise de décisions.	Transférer les données dans les mondes physiques et virtuels.
Technologies anciennes (exemples)	Codes barres, solutions RFID simples	Thermomètre, hydromètre...	Câbles...	Middlewares...	Excel, ERP, CRM...	Internet, Ethernet...
Technologies récentes (exemples)	Solutions RFID complexes, Surface Acoustic Waves, puces optiques, ADN	Capteurs miniaturisés nanotechnologies	Bluetooth, Near Field Communication (NFC), WiFi...	Middlewares évolués	Datawarehouse 3D (compatible avec les puces RFID), Web sémantique...	Réseau EPCglobal...

Figure 1. Les principaux systèmes technologiques nécessaires au fonctionnement de l'IdO

Poser des capteurs sur vos objets domiciliaires et envoyer les données ainsi collectées à des applications sur votre Smartphone ou sur votre ordinateur et avoir une maison connectée, c'est le défi du futur.

I.2 Smarthousing :

Loin d'être un phénomène de mode, le Smarthousing (maison intelligente) s'annonce dès aujourd'hui comme l'art de vivre de demain. La maison intelligente comme son nom l'indique est une maison automatique qui permet à ces propriétaires le confort de la maison, la sécurité, l'efficacité énergétique (faible coût d'exploitation) et la commodité à tout moment.

Dans la maison intelligente, les différents appareils électriques domestiques tels que les lumières, le chauffage, l'alarme, les volets roulants… peuvent être contrôlés et commandés à distance par un calendrier, à partir de n'importe quelle pièce de la maison ainsi qu'à partir de n'importe quel endroit dans le monde par internet, ce qui offre une maison chaleureuse, confortable, sécurisante, économique où il fait bon vivre et communiquer en famille et entre amis [N2].

La figure 2 montre la structure d'un Smarthouse.

Figure 2. Schéma d'un Smarthouse

Grâce à la technologie des ordiphones, tels que les tablettes et les Smartphones, nous arrivons aujourd'hui à remplacer tout un dispositif propriétaire couteux pour la domotique telle que les écrans tactiles et les box domotiques par une application orientée domotique installée dans notre smartphone ou notre tablette.

I.3 Smartphone :

Les Smartphones (ou téléphones intelligents) appelés aussi ordiphones sont des appareils mobiles dotés d'un véritable système d'exploitation et des fonctions avancées. Il s'agit de véritables "couteaux suisses" technologiques :

avec un seul produit, vous pouvez téléphoner, prendre des photos, surfer sur le web, faire des vidéos, écouter de la musique, régler l'agenda et le calendrier, regarder la télévision, consulter la boîte e-mail... ils font intégralement partie de notre quotidien et participent même à son amélioration. Même si les Smartphones ne concernent qu'un quart des propriétaires de téléphones mobiles (estimé à 1/3 en 2014), ses usages vont petit à petit se diluer sur des téléphones moins sophistiqués, mais qui s'améliorent avec le temps. Avec plus que 250.000 applications disponibles sur l'Android Market, on ne s'ennuie jamais des nouvelles applications innovantes uploadées quotidiennement sur Android Market.

Ci-dessous un Smartphone Samsung Galaxy S Duos2 est présenté dans la figure 3.

Figure 3. Smartphone SAMSUNG Galaxy S Duos 2

Au premier trimestre 2013, **Gartner** (entreprise américaine de conseil et de recherche dans le domaine des techniques avancées) estime à 210 millions le nombre de smartphones vendus dans le monde, contre 144 millions un ans plus tôt, soit une croissance de 42,9%. Et le marché des systèmes d'exploitation de smartphones est largement dominé par Android (Google) qui détient 74,4% de parts au premier trimestre 2013, suivi d'IOS (Apple) avec 18,2% de parts de marché et de Research In Motion (3%), le système d'exploitation de Blackberry [N6].

La figure 4 illustre les parts de marché des systèmes d'exploitation pour les smartphone d'après **Gartner**.

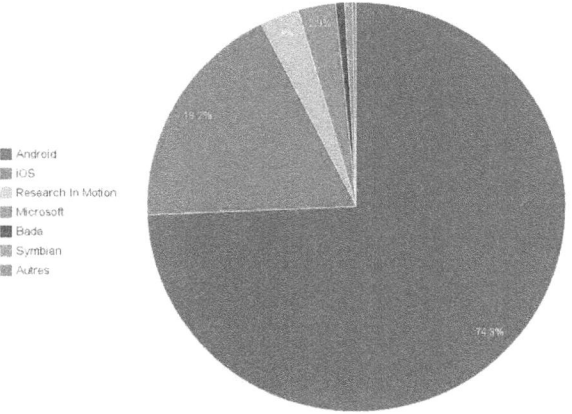

Figure 4. Parts de marché des systèmes d'exploitation pour smartphones © Gartner

Les smartphones tournant sous Android dominent le marché international des smartphones et ceci est grâce à la performance de ce système d'exploitation.

I.4 Le système d'exploitation Android :

Android est un système d'exploitation pour Smartphones, PDA, tablettes tactiles et terminaux mobiles. C'est un système open source. Il a été conçu par une société américaine appelée « Android» qui a été rachetée par Google en juillet 2005.

Android a connu plusieurs mises à jour depuis sa première version. Ces mises à jour servent généralement à corriger des bugs et à ajouter de nouvelles fonctionnalités. Il a été décidé de nommer chaque nouvelle version du système avec des noms de gâteaux en suivant l'ordre alphabétique.

La figure 5 résume l'histoire de l'évolution des différentes versions d'Android commençant avec la version Android 1.5 «Cupcake » en 2009 arrivant à la version Android 4.4 « Kitkat » en 2013 et on attend la sortie de la nouvelle version Android 5.0 en 2014.

Figure 5. Evolution des versions d'Android

Android bénéficie d'une architecture en couche complète faisant de lui une plateforme riche, dédiée aux appareils mobiles. Il est à base de noyau linux profitant des services système de base tels que la sécurité, la gestion mémoire, gestion de processus, etc.

II.   Etude de l'existant :

De nos jours, plusieurs solutions domotiques existent. Mais la question qui se pose c'est est ce qu'elles répondent toutes aux besoins des utilisateurs?

Par la recherche que nous avons effectuée, nous avons remarqué que certes on trouve plusieurs applications qui visent les mêmes objectifs que les nôtres, mais vu que la plupart des applications de SmartHousing sont payantes, nous allons présenter seulement une application.

II.1 Smart House BSH :

L'application "Smart House BSH" est conçue sur la plateforme ANDROID qui permet à son utilisateur de contrôler ces équipements domiciliaires depuis la maison.

La figure 6 montre le menu principal de l'application BHS.

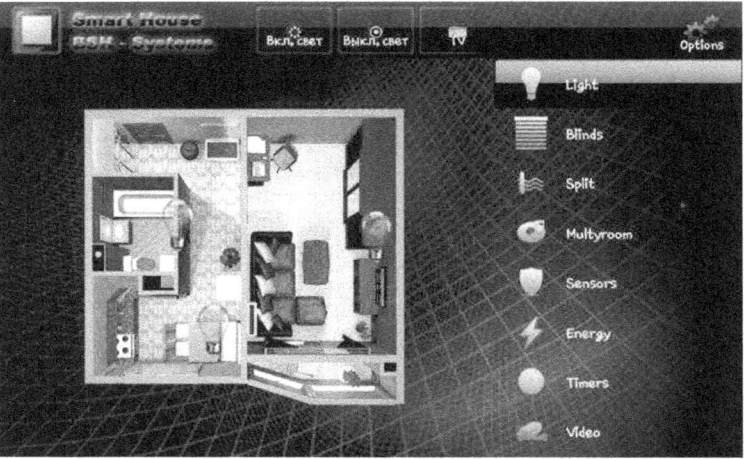

Figure 6. Menue principale de Smarthouse BHS

Cette application, comme le montre la figure, permet de contrôler les lumières, les volets, l'énergie et la vidéo surveillance, tant que l'utilisateur est au foyer.

II.2 Discussion de l'existant et solution proposée :

D'après ce que nous avons vu, nous avons pu déterrer quelques remarques et critiques qui pourront promouvoir notre projet. Nous avons remarqué que :

- L'utilisateur doit être essentiellement dans son domicile pour qu'il puisse le contrôler.

- Cette application ne permet pas de consulter les conditions climatiques de la maison.

- Cette application ne contrôle pas ces utilisateurs, toutes personnes peuvent y accéder, donc elle n'est pas sécurisée.

Nous proposons comme solution que notre projet ait la possibilité de piloter la maison par internet et donc de n'importe qu'elle endroit où l'utilisateur se trouve. Nous allons ajouter l'option de consultation des conditions climatiques du domicile tel que la température et surtout notre application sera sécurisé et seul le propriétaire de la maison peut l'y accéder.

Conclusion :

L'étude a été très bénéfique pour pouvoir entamer la suite de l'élaboration du projet, cette étude s'achemine maintenant vers sa phase de l'analyse et spécification des besoins qui sera traitée dans le chapitre suivant.

Chapitre 3 : Analyse et Spécifications des Besoins

Introduction :

Après avoir présenté l'état de l'art et l'étude de l'existant dans le chapitre précédent, nous allons, tout le long de ce chapitre, mettre en exergue les besoins de l'utilisateur afin d'éclaircir plus les objectifs du projet et les analyser. Ce chapitre est divisé en trois grandes parties principales : en premier lieu, nous allons identifier les acteurs principaux de notre système. En deuxième lieu, nous allons mentionner les besoins fonctionnels et non fonctionnels du projet. Finalement, nous présenterons les cas d'utilisation et les scénarios des fonctionnalités offertes par le système.

I.   Identification des acteurs :

Selon la nature de l'interaction avec le système, deux acteurs principaux de notre système peuvent être définis :

> **Le Client** : c'est tout utilisateur disposant d'un Smartphone sur lequel installé l'application et qui demande un service concernant la maison dont il appartient.

> **L'administrateur** : qui est évidement le responsable de toute configuration du système. Il a les hauts privilèges avec la possibilité de tout type de modification.

Chacun de ces acteurs a un rôle bien défini dans notre système. Ce dernier est conçu afin de pouvoir satisfaire les besoins mentionnés ci-dessous.

II.   Analyse des besoins :

Vu la différence de la nature d'interaction avec le système entre les deux acteurs, chaque acteur est concerné par des besoins spécifiques. Nous allons donc identifier les besoins de notre système en fonction de l'acteur.

II.1 Besoins fonctionnels :

Notre plateforme est conçue afin de satisfaire les besoins de chaque acteur. Les services qui seront offerts seront comme suit :

> **Le Client :**

1. S'identifier en lançant l'application : L'utilisateur doit entrer un nom d'utilisateur et un mot de passe.

2. Allumer/Eteindre les lumières de la maison : L'application pourra effectuer cette action à n'importe quel moment.

3. Consulter la température et l'humidité de la maison : l'application à la possibilité de consulter les conditions climatiques de la maison.

4. Ouvrir/Fermer les volets roulants : Le système permet à l'utilisateur de contrôler l'ouverture et la fermeture des volets de la maison à distance et à tout moment.

> **L'administrateur :**

Étant le responsable du système, l'administrateur doit avoir la possibilité de paramétrer la configuration. En effet, l'administrateur doit pouvoir modifier le code pour ajouter des nouvelles lumières par exemple. Il est concerné également par la définition des limitations pour le système par exemple : configurer le temps de montée ou de descente des volets pour respecter la dimension longitudinale du volet en question. Ainsi, l'administrateur est celui qui donne au client un username et un mot de passe spécifique.

II.2 Besoins non fonctionnels :

Le projet bien évidemment présente quelques contraintes dans la réalisation, voilà ci-dessous les besoins non fonctionnels :

> **Facilité d'utilisation** :

L'application dont dispose sera une application simpliste et utilisable sans aucune complexité. Elle sera aussi en Anglais, afin qu'elle soit manipulable par plus de personnes.

> **Facilité d'apprentissage** :

Aucun pré requis n'est nécessaire pour l'utilisation de l'application, car elle sera clairement utilisable.

> **Rapidité d'exécution** :

Les traitements faits par le système ne dépassent pas le délai de 3 secondes.

> **Maintenance du produit** :

Le développement de l'application sera bien détaillé et commenté afin que la maintenance soit plus facile et plus rapide. Il sera même maintenable par des développeurs qui ne sont les développeurs d'origine.

III. Spécification des besoins

L'étude approfondie des spécifications permet de dégager plusieurs cas d'utilisation pour chaque acteur. Dans cette partie, nous avons adopté le formalisme UML [B1] pour présenter les différents diagrammes des cas d'utilisation pour les deux acteurs : administrateur et client.

III.1 Diagrammes de cas d'utilisation de l'administrateur :

L'administrateur est un acteur spécial pour le système. Le diagramme suivant présenté par la figure 7 illustre les principaux services offerts par le système à l'administrateur.

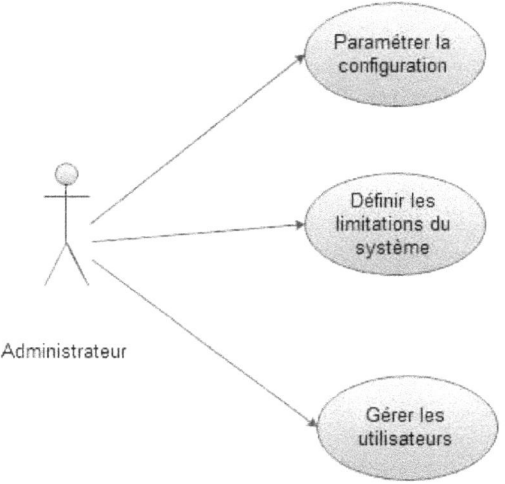

Figure 7. Diagramme de cas d'utilisation de l'administrateur

On remarque d'après ce diagramme que l'administrateur a le pouvoir d'améliorer son application selon les exigences du client, ce qui rend l'application flexible.

III.2 Diagrammes de cas d'utilisation du client :

Pour notre système, l'utilisation par le client est assez simple, ainsi l'interaction entre ces derniers est assurée à travers des interfaces graphiques.

Nous présentons dans la figure 8 ci-dessous, le diagramme de cas d'utilisation du client. Ce diagramme résume les fonctionnalités principales liées au client.

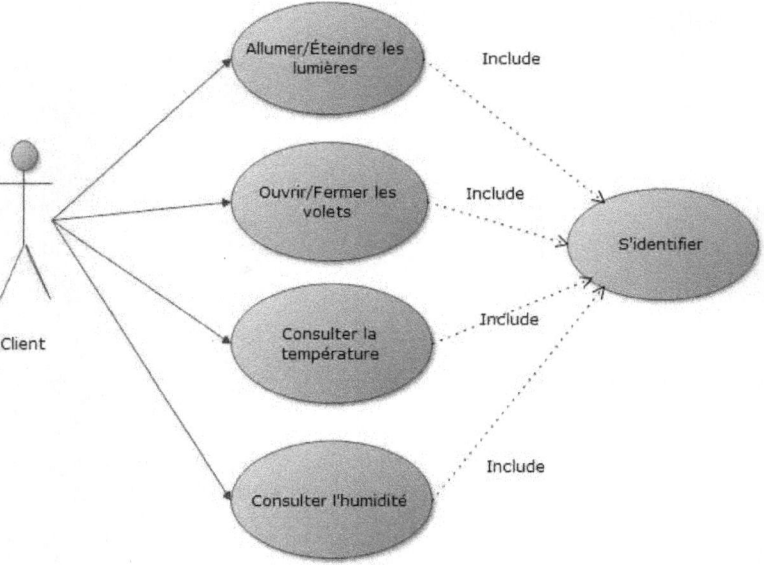

Figure 8. Diagramme de cas d'utilisation du client

D'après ce diagramme de cas d'utilisation, toute instruction ne pourra s'exécuter que s'il y a une identification de la part de l'utilisateur.

III.3 Scénarios d'utilisation :

Dans cette section, nous montrons les interactions dans le cadre des diagrammes des cas d'utilisation à l'aide des diagrammes de séquence. Le but étant de décrire comment se déroulent les actions entre les acteurs ou objets, les diagrammes de séquences sont la représentation graphique des interactions entre les acteurs et le système selon un ordre chronologique. Dans ce qui suit, nous présenterons quelques diagrammes de séquences illustrant les interactions entre les acteurs et notre système, et ce, dans un scénario nominal et alternatif.

III.3.1 Identification du client :

Nous commençons par l'identification du client afin d'accéder à l'application, l'identification se fait par entrer le nom de l'utilisateur et le mot de passe donnée déjà au client au début par l'administrateur. La figure 9 ci-dessous représente le diagramme de séquence illustrant le scénario nominal.

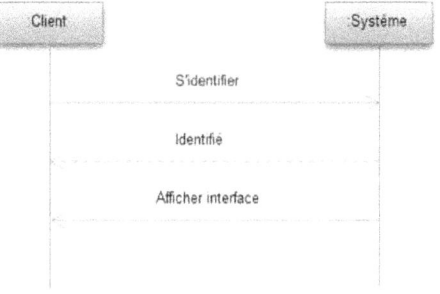

Figure 9. Diagramme de séquence d'identification du client, scénario nominal

Sauf que par malchance, l'utilisateur se trompe en entrant ces informations (nom d'utilisateur et mot de passe), le diagramme de séquence suivant dans la figure 10 présente le scénario alternatif pour l'identification.

Figure 10. Diagramme de séquence d'identification du client, scénario alternatif

Si l'utilisateur se trompe en entrant ces informations il ne peut pas accéder à son application et donc il doit répéter la procédure jusqu'à il réussit son identification.

III.3.2 Ouvrir/fermer les volets roulants :

Le client devra pouvoir s'identifier et lancer L'ouverture et la fermeture des volets. Le diagramme de séquence figure 11 suivant permet de décrire le scénario d'ouverture.

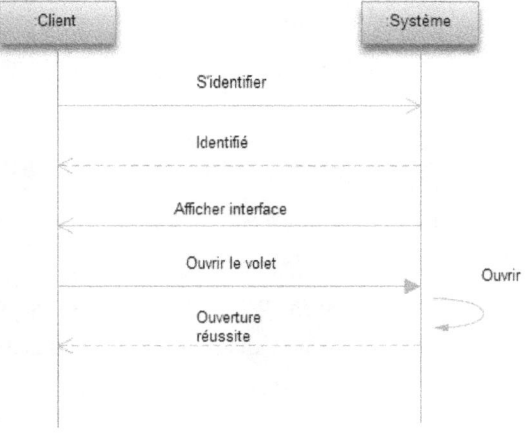

Figure 11. Diagramme de séquence d'ouverture du volet

Le même principe pour la fermeture, le client doit s'identifier au premier lieu, puis il peut lancer la fermeture du volet.

III.3.3 Allumer/Eteindre les Lampes :

Contrôler les lampes à distance est l'une des idées les plus innovantes du projet, cette fonctionnalité permet de pouvoir contrôler l'économie de l'énergie, même de loin. Voilà le diagramme de séquence relatif à cette action dans la figure 12.

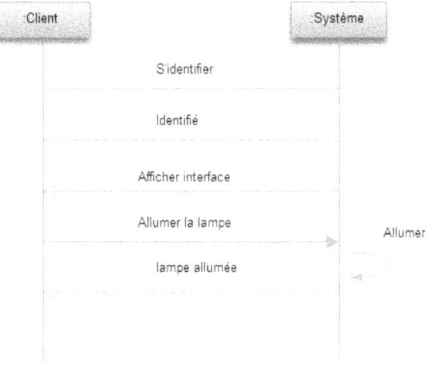

Figure 12. Diagramme de séquence d'allumage de la lampe

Pour éteindre les lampes, c'est le même principe, en fait le client doit s'identifier au premier lieu, puis il accède à l'interface des lampes ou il peut les éteindre aussi facilement.

III.3.4 Consulter la température :

Comme mentionné dans les cas d'utilisation, l'utilisateur à la possibilité de consulter la température de sa maison depuis sa maison ou même à distance. Le diagramme suivant présenté dans la figure 13 permet d'illustrer le scénario de consultation de la température de la maison en question par le client.

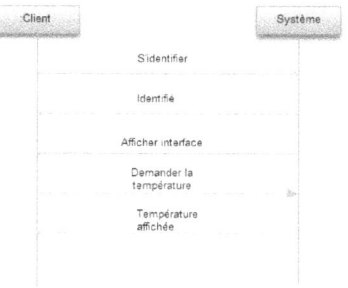

Figure 13. Diagramme de séquence de consultation de la température

On remarque d'après ce diagramme que la température est affichée sous la demande de l'utilisateur.

III.3.5 Consulter l'humidité :

Le diagramme suivant présenté dans la figure 14 ci-dessous permet d'illustrer le scénario permettant la consultation de l'humidité de la maison par le client qui est aussi une des idées innovantes de ce projet.

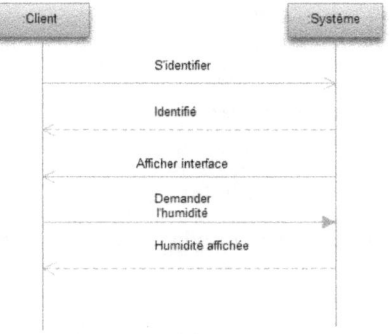

Figure 14. Diagramme de séquence de consultation de l'humidité

On remarque d'après ce diagramme qu'aussi l'humidité est affichée sous la demande de l'utilisateur.

Conclusion :

Le but de la spécification des besoins est de donner les moyens à l'utilisateur d'appréhender rapidement le fonctionnement général et de comprendre les détails de chaque fonctionnalité. Nous venons alors de présenter dans ce chapitre les cas d'utilisation de chaque acteur ainsi que les scénarios de ces utilisations de façon concise et simple afin de pouvoir entamer la conception qui fera l'objet du prochain chapitre.

Chapitre 4 : Conception

Introduction :

Après avoir spécifié, dans le chapitre précédent, les différents besoins auxquels doit répondre notre système, nous présentons à présent la conception qui sera étudiée sur deux plans : la conception globale et la conception détaillée.

I.   Conception globale :

Dans cette partie, nous allons donner l'architecture que nous avons opté pour notre application.

I.1 Architecture globale du système :

En ce qui concerne l'architecture globale de notre système, nous avons essayé de suivre une architecture qui satisfait les besoins fonctionnels, ainsi que les besoins non fonctionnels de notre application.

Ce choix a été pris en ayant recours à plusieurs idées ainsi qu'au cheminement des données d'un acteur à un autre, d'où nous avons tranché avec le choix d'une architecture représentée ci-dessous dans la figure 15.

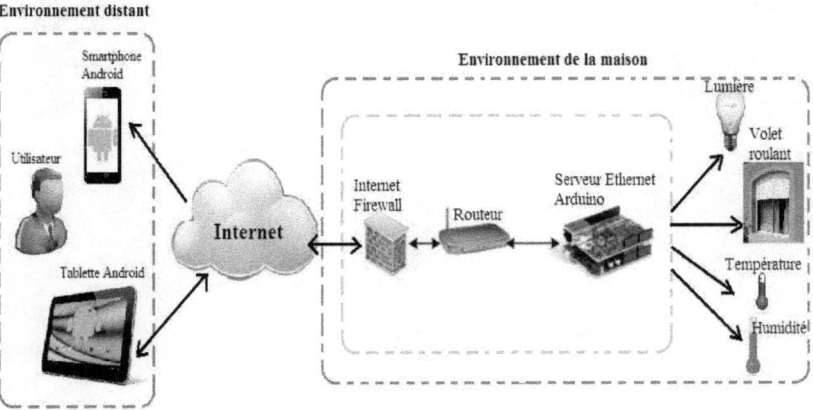

Figure 15. Modèle de l'architecture de l'application

Nous pouvons distinguer trois zones dont la plateforme existe :

> **L'environnement du Client** : qui pourrait être n'importe où dans le monde entier (à condition qu'il dispose d'une connexion Internet).

> **Le réseau Internet** : dont connecté le serveur Arduino.

> **L'environnement de la maison** : composé d'une plateforme Arduino relié à un Ethernet shield liées aux composants matériels chargés des tâches physiques (Lampe, Moteur, Capteur, etc....) et d'un routeur auquel est lié l'Ethernet shield pour connecter la carte au réseau internet.

Le choix de l'architecture se repose sur un plan d'action bien déterminé.

Voilà comment le choix de l'architecture pourra aider à satisfaire les besoins du projet :

> Le client Android envoie des sockets au serveur Arduino qui se trouve dans la maison via le réseau internet. Ce dernier capture cette demande, la traite et réalise l'action souhaité par le client [B3].

I.2 Diagramme de déploiement :

Après avoir donné l'architecture globale de notre projet, nous présentons à présent le diagramme de déploiement dans la figure 16.

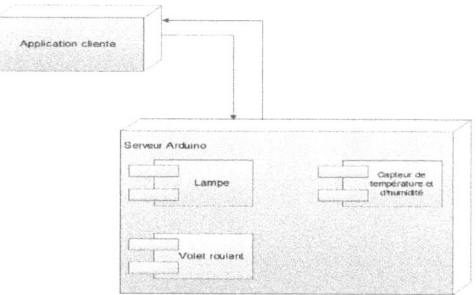

Figure 16. Diagramme de déploiement de l'application

Les cubes qui y figurent représentent les nœuds principaux de l'architecture. Les carrés dedans sont les composants principaux de ces nœuds. Nous pourrons plus détailler ces nœuds dans la partie qui suit avec les diagrammes de paquetage ainsi que le diagramme de classes de l'application Android.

I.3 Diagramme de paquetage :

Afin de promouvoir les performances de notre application, nous optons à un découpage en module des paquetages. Le paquetage permet de regrouper des éléments interdépendants au sein d'une même entité. Cette décomposition nous permet de visualiser les dépendances entre les différentes parties de notre système. Ci-après, la figure 17, un diagramme de paquetage décrivant les différents paquetages et les relations entre eux.

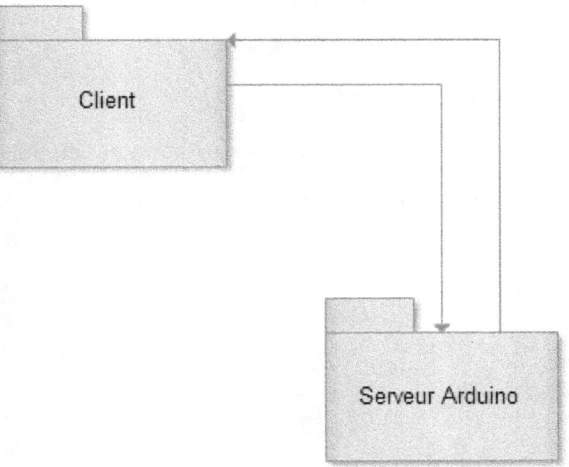

Figure 17. Diagramme de paquetage

➢ **Paquetage Client** : Ce paquetage se compose de l'ensemble de classes de l'application Android. Nous nous approfondirons plus dans ce paquetage dans la partie de la conception détaillée.

➢ **Paquetage Serveur** : Ce paquetage est composé de la carte Arduino qui joue un double rôle dans notre cas : elle représente elle-même le serveur grâce au bouclier Ethernet shield et donc elle reçoit des messages de la part du client ,les traite et selon les messages reçus ou bien elle effectue une telle action ou bien elle envoi des données au client, ainsi la carte Arduino renferme les composants physiques qui assureront le contrôle total des équipements tels que les lampes, les capteurs de température et d'humidité et les volets.

II.   Conception détaillée :

Après avoir précisé la conception générale du projet et son architecture, nous allons raffiner à ce stade cette dernière, et ce, en entamant la conception où nous définirons de plus près les classes et les interfaces de notre solution.

II.1 Diagramme de classes :

Le diagramme de classes est un schéma utilisé en génie logiciel pour présenter les classes et les interfaces des systèmes ainsi que les différentes relations entre celles-ci. Ce diagramme fait partie de la partie statique d'UML car il fait abstraction des aspects temporels et dynamiques.

Une classe décrit les responsabilités, le comportement et le type d'un ensemble d'objets. Les éléments de cet ensemble sont les instances de la classe.

Dans cette partie de raffinement de la conception, nous allons présenter les digrammes de classes de chaque composant pour pouvoir clarifier les entrailles de notre système et son mode de travail.

II.1.1 Paquetage Client :

L'acteur principal de notre application est le Client. Ce dernier doit bénéficier d'une application à la fois conviviale et simpliste, et aussi qui fonctionne à merveille. D'où on a opté à la conception de classes donnée par la figure 18 afin d'aboutir à un résultat optimal.

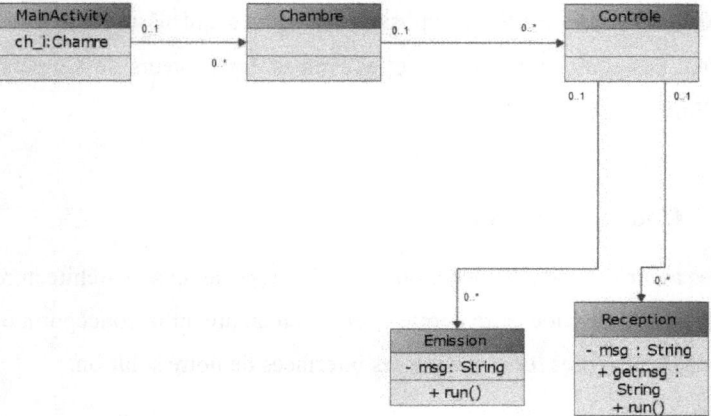

Figure 18. Diagramme de classe de l'application client

D'après la figure18, le diagramme de classes comprend cinq classes, elles sont comme suit :

> La classe **Chambre** qui a pour rôle de choisir parmi les chambres de la maison celle que l'utilisateur veut la piloter.

> La classe **Control** qui permet au client de visualiser la température et l'humidité, allumer et éteindre la lumière et ouvrir ou fermer le volet.

> La classe **Emission**, c'est la classe responsable de l'émission des commandes depuis l'application Android vers le serveur Arduino et donc c'est la classe qui permet de commander les lampes et les volets roulants.

> La classe **Reception** permet à l'application mobile de recevoir des données à partir de la plateforme Arduino telle que la température.

> La classe principale **MainActivity** est la classe responsable sur le contrôle des trois autres classes et c'est elle qui donnera le feu vert pour toute opération.

II.1.2 Paquetage ARDUINO :

Vu que la programmation sur ARDUINO n'est pas orientée objet, nous avons pris la liberté, pour ce paquetage, de présenter, au lieu des diagrammes d'UML, le digramme de contexte [B2] ou appelé encore le digramme de flux de données, niveau 0 (DFD 0). La figure 19 ci-dessous le représente.

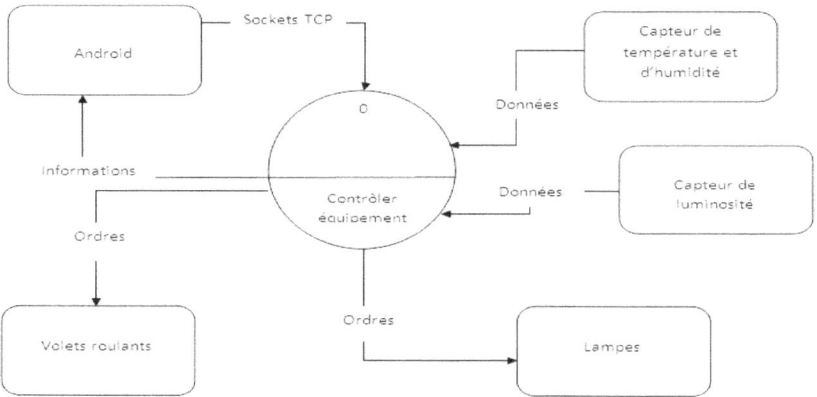

Figure 19. Diagramme de contexte de paquetage Arduino

Les circuits de données sont simples dans ce diagramme, la plateforme Arduino est entourée de trois composants matériels qui seront sous les ordres de la plateforme, et un composant logiciel qui est l'application Android avec laquelle elle est connectée avec le réseau internet.

Toute demande venant de la part de l'application Android cliente, le composant ARDUINO ne fera que décrypter cette demande à sa manière et lancer une réponse selon la demande (Ouverture /Fermeture, Consultation, etc...).

Conclusion

Dans ce chapitre, nous avons commencé par donner une conception architecturale de notre système. Ensuite, nous avons présenté le diagramme de classes de l'application Android et le diagramme de contexte du paquetage Arduino. Ayant achevé cette phase de conception, nous enchainons par la suite au développement et l'implémentation en respectant la démarche définie dans les phases précédentes.

Chapitre 5 : Réalisation

Introduction :

Cette phase consiste à transformer le modèle conceptuel établi précédemment en des composants logiciels et matériels, c'est la tâche de mise en œuvre de notre système. Nous allons donc présenter en première partie les choix des matériels et des logiciels. Puis, nous allons présenter la réalisation des deux parties : la centrale électronique et l'application Android. Enfin, nous illustrerons un aperçu sur les parties développées et nous montrons le chronogramme de la réalisation du projet.

I.   Choix techniques :

Après avoir précisé la conception générale du projet et son architecture, nous allons présenter en première partie les outils matériels puis en deuxième partie les environnements logiciels utilisés pour l'élaboration de ce projet.

I.1 Choix technique des matériels :

Afin d'élaborer notre projet domotique qui à pour objectifs de consulter les conditions climatiques de la maison ainsi que commander les lumières et les volets nous avons utilisé les composants suivants :

✓ Ordinateur caractérisé par les configurations données dans la figure 20.

Processeur :	Intel(R) Pentium(R) CPU P6100 @ 2.00GHz 2.00 GHz
Mémoire installée (RAM) :	4,00 Go (2,99 Go utilisable)
Type du système :	Système d'exploitation 32 bits

Figure 20. La configuration de l'ordinateur utilisé

✓ Smartphone Samsung Galaxy S Duos 2 tournant sous Android.

✓ Carte Arduino Uno.

✓ Ethernet shield.

✓ LEDs : diodes électroluminescentes.

✓ DHT11 : capteur de température et d'humidité.

✓ Moteur à courant continu.

✓ Platine à essai.

✓ Fils conducteurs.

Parlons maintenant avec plus de détails des caractéristiques des composants utilisés.

Arduino Uno

Arduino est une plateforme open-source basée sur le prototypage de l'électronique flexible, facile à utiliser du matériel et des logiciels. Il est destiné aux artistes, designers, amateurs et ceux qui s'intéressent à la création d'objets interactifs ou des environnements.

Le modèle UNO, présenté dans la figure 21, de la société ARDUINO est une carte électronique dont le cœur est un microcontrôleur ATMEL de référence ATMega328. Le microcontrôleur ATMega328 est un microcontrôleur 8bits de la famille AVR dont la programmation peut être réalisée en langage C.

Figure 21. Arduino Uno

L'intérêt principal des cartes Arduino (d'autres modèles existent) est leur facilité de mise en œuvre .Arduino fournit un environnement de développement s'appuyant sur des outils open source. Le chargement du programme dans la mémoire du microcontrôleur se fait de façon très simple par le port USB. En outre, des bibliothèques de fonctions "clé en main" sont également fournies pour l'exploitation d'entrées sorties courantes : gestion des E/S TOR, gestion des convertisseurs ADC, génération de signaux PWM, exploitation de bus TWI/I2C, exploitation de servomoteurs ... [N3].

Voilà ci-dessous la figure 22 qui présente le brochage de la carte Arduino.

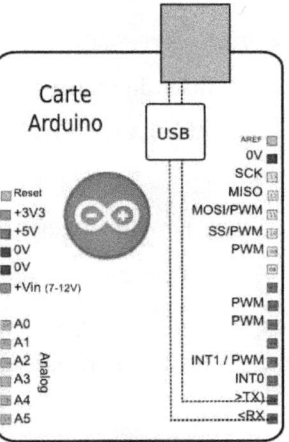

Figure 22. Brochage de la carte Arduino Uno

Arduino Ethernet shield

L'Ethernet shield est un module qui relie la carte Arduino au réseau Internet en quelques minutes. Il suffit de brancher ce module sur votre carte Arduino, le connecter à votre réseau via un câble RJ45 et de suivre quelques instructions simples pour commencer à contrôler votre monde à travers l'Internet. Comme toujours avec Arduino, chaque élément de la plate-forme - matériel, logiciel et documentation - est disponible gratuitement et open-source.

Pour que l'Ethernet shield fonctionne ile le faut :

-   Une carte Arduino.

-   Une tension d'alimentation 5V (fourni par l'Arduino).

-   Contrôleur Ethernet: W5100 avec un tampon interne 16K.

-   Vitesse de connexion: 10/100Mb.

-   Connexion avec Arduino sur le port SPI [N10].

Figure 23. Ethernet shield

DHT11

Il existe plusieurs capteurs d'humidité et de température, mais le DHT11 est le plus rependu dans le contrôle de climatisation, il est constitué d'un capteur de température à base de NTC (coefficient de température négative) et d'un capteur d'humidité résistif, un microcontrôleur s'occupe de faire les mesures, les convertir et de les transmettre.

Ce capteur est calibré en usine et ses paramètres de calibration sont stockés dans la mémoire OTP (Rom) du microcontrôleur. Il s'interface grâce à un protocole semblable à 1Wire sur 1 seul fil de donnée, une librairie pour Arduino est disponible, il est possible de déporter le capteur jusqu'à 20 m.

Cette version est constitué uniquement du capteur, il possède 4 broches espacées de 2,45mm (0,1") ce qui permet de le brancher facilement sur une platine à essai.

Seules 3 broches sont utiles : VCC, GND et Data.

Tableau 1. Brochage de DHT11

Pin	Name	Description
1	VDD	Power supply 3-5.5V DC
2	DATA	Serial data output
3	NC	Not connected
4	GND	Ground

Caractéristiques :

- Alimentation +5V (3.5 - 5.5V)

- température : de 0 à 50°C, précision : +/- 2°C

- Humidité : de 20 à 96% RH, précision +/- 5% RH

Ci-dessous une image réelle de DHT11 :

Figure 24. Le capteur DHT11

Moteur courant continu

Un **moteur à courant continu** est une machine électrique. Il s'agit d'un convertisseur électromécanique permettant la conversion bidirectionnelle d'énergie entre une installation électrique parcourue par un courant continu et un dispositif mécanique. Elle est aussi appelée dynamo.

Un moteur à courant continu, comme le montre la figure 25, est composé de deux parties principales :

- Un stator, élément fixe, dont le rôle est de créer un flux magnétique. Cette fonction peut être assurée par un aimant permanent ou par un courant électrique circulant dans un bobinage.

- Un rotor, aussi appelé induit, composé d'un châssis métallique comprenant un certain nombre d'encoches, sur lesquelles sont placés un certain nombre de bobinages.

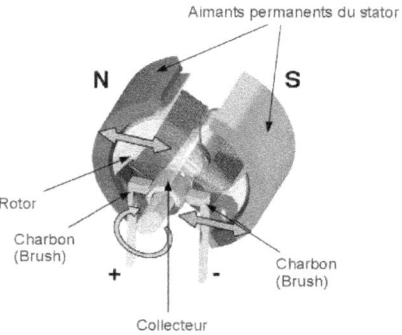

Figure 25. Moteur à courant continu

Le moteur courant continu (DC) est caractérisé par une constante de vitesse, et une pente vitesse/couple. Le courant est proportionnel à la charge ; et la vitesse est proportionnelle à la tension d'alimentation [N5].

La figure 26 présente une image réelle du moteur DC :

Figure 26. Image réelle de moteur DC

Nous avons choisi de travailler avec un moteur à courant continu, car nous pouvons simplement régler et varier sa vitesse, son couple et son sens de rotation ce qui est nécessaire dans notre application.

Après avoir parlé du choix technique des matériels passant maintenant au choix technique des logiciels avec lesquels nous avons travaillé.

I.2 Choix technique des logiciels :

Notre projet consiste à développer deux applications : une pour le serveur Arduino et une pour le client Android. Pour le faire, nous avons eu recours à des logiciels de développement avec des différents langages de programmation.

I.2.a Logiciels de développement :

L'environnement logiciel employé s'illustre en :

Arduino IDE 1.0 : C'est l'environnement de développement des modules Arduino. La programmation Arduino se fait en langage C [N15].

Figure 27. Logo Arduino IDE

Eclipse : Eclipse est un environnement de développement (IDE) historiquement destiné au langage Java, même si grâce à un système de plugins il peut également être utilisé avec d'autres langages de programmation. Eclipse nécessite une machine virtuelle Java (JRE) pour fonctionner. Mais pour compiler du code Java, un kit de développement (JDK) est indispensable [B4].

Figure 28. Logo Eclipse

JDK : Est un pack d'outils pour le développement d'application via le langage Java. Il a les composants nécessaires à la conception et au test de projets avec diverses caractéristiques.

Figure 29. Logo JAVA

SDK Android : Le kit de développement (SDK) d'Android est un ensemble complet d'outils de développement1. Il inclut un débogueur, des bibliothèques logicielles, un émulateur, de la documentation, des exemples de code et des tutoriaux [N14].

Figure 30. Emulateur Android

ADT Plugin : Android Development Tools (ADT) est un plugin pour l'IDE Eclipse, qui est conçu pour vous donner un environnement puissant, intégré dans lequel pour construire des applications Android. ADT étend les capacités de Eclipse pour vous permettre de configurer rapidement de nouveaux projets Android, créez une interface utilisateur de l'application, ajouter des packages basés sur l'API Framework Android, déboguer vos applications en utilisant les outils SDK Android, et même exporter signé (ou non signée) .apk fichiers afin de distribuer votre application [N13].

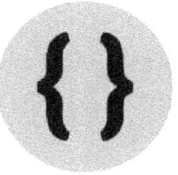

Figure 31. Logo ADT

Edraw Max : c'est un logiciel de création de diagrammes UML [N12].

Figure 32. Logo Edraw Max

Fritzing : c'est un logiciel libre de conception de montages électroniques et des circuits imprimés permettant de concevoir de façon entièrement graphique le circuit et d'en imprimer le typon [N11].

Figure 33. Logo Fritzing

I.2.b Langages de programmation

Les langages de programmation utilisés sont :

C : Le C est un langage de programmation impératif, généraliste, issu de la programmation. Inventé au début des années 1970 pour réécrire UNIX, C est devenu un des langages les plus utilisés. De nombreux langages plus modernes comme C++, Java et PHP reprennent des aspects de C [N8].

JAVA : Android est un système d'exploitation conçu pour téléphone mobile développé par Google, qui a mis à disposition un kit de développement logiciel (SDK) basé sur le langage Java [B5].

Pour justifier ce choix, nous notons qu'au cœur du système Android se trouve la machine virtuelle java, appelée Dalvik, qui n'exécute que des fichiers *.dex qui sont en fait des classes

*.java transformée via le SDK spécialement pour Dalvik. En outre, Dalvik est liée à un Runtime comportant les principales librairies du JAVA.

Enfin, nous rappelons que le Java, étant un langage de programmation orienté objet utilisable sur divers systèmes d'exploitation, est un langage assez robuste, portable et à hautes performances.

XML : XML est un langage informatique de balisage générique. Il sert essentiellement à stocker/transférer des données de type texte Unicode structurées en champs arborescents.

En Android, grâce à ce langage, nous décrivons les interfaces dans un format spécial, et Android le convertit automatiquement en objets Java qui seront par la suite disponibles comme tout autre objet dans notre code. Il offre ainsi plus de souplesse de développement, facilite les modifications du code et assure la séparation entre la présentation et le comportement des objets [N9].

II. Réalisation :

Après avoir présenté les matériels et les logiciels, nous allons, dans cette section, décrire toutes les étapes nécessaires dans la réalisation de notre projet qui se divise en deux grandes parties : la réalisation de la centrale électronique avec la plateforme Arduino et le développement de l'application mobile en Android.

II.1 Développement de la partie Arduino

Comme il est déjà mentionné, notre projet est une application Android qui permet de piloter des équipements domiciliaires, d'autres termes, nous allons réaliser une centrale électronique composée d'un microcontrôleur Arduino Uno et des composants physiques et cette centrale va dialoguer avec notre application Android.

Pour ce faire, nous avons suivi plusieurs étapes qui sont:

1. Les tests unitaires:

En fait, nous avons commencé par tester chaque composant seul : nous avons branché chaque composant avec la carte Arduino et nous avons écrit le code et le compiler avec l'environnement de développement Arduino IDE, puis nous avons fait des simulations.

La figure 34 présente un exemple de simulation du capteur DHT11 sur la terminale série.

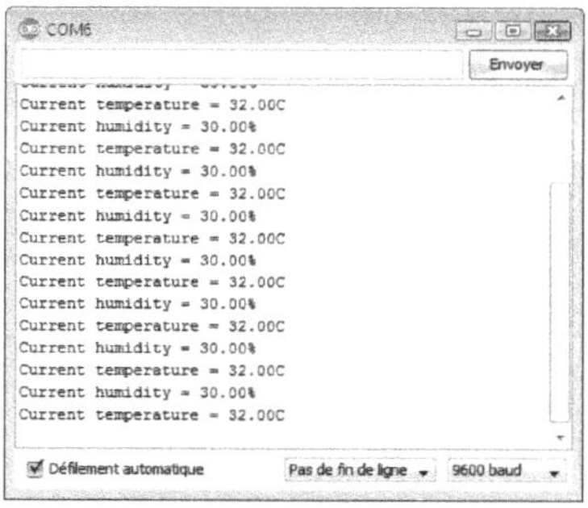

Figure 34. Simulation du capteur DHT11

2. Le branchement de l'Ethernet shield et l'établissement de la connexion au réseau internet :

C'est l'étape la plus importante dans la réalisation de notre projet qui sert à connecter la carte Arduino au réseau internet. En fait, nous allons créer un serveur qui va communiquer avec un client Android distant. Pour ce faire, nous branchons l'Ethernet shield, qui est déjà branché avec le microcontrôleur Arduino Uno, avec le routeur en utilisant le câble RJ45.

Pour configurer notre serveur Ethernet, il est impératif d'utiliser la bibliothèque « Ethernet.h » et de déterminer l'adresse IP de la carte Arduino.

La transmission des données se fait bit à bit, donc nous sommes amenés à utiliser la bibliothèque « SPI.h ».

3. Programme Arduino :

Après avoir testé nos composants et réussi à connecter la carte Arduino au réseau internet, nous arrivons à l'étape de l'assemblage du code pour avoir un programme principale qui lie tous ça.

Notre programme Arduino est conçu afin que l'utilisation de notre système soit la plus simple possible. En effet, l'utilisation de celui-ci ne requiert aucun réglage, il est parfaitement autonome. Il suffit d'alimenter la carte et brancher l'Ethernet shield au routeur pour assurer la connexion au réseau internet.

Le programme Arduino est décomposé en deux parties :

➢ Une partie **Setup** : qui sert à initialiser la connexion au réseau internet.

➢ Une partie **Loop** : qui s'exécute en permanence et qui permet de décrypter les sockets venant du client Android pour pouvoir effectuer une telle fonction. Ainsi, elle permet de déclencher un scénario automatique indépendant du client Android qui sert à allumer la LED s'il y a peu de lumière.

Nous avons décidé aussi de faire appel à une bibliothèque que nous avons créée (HomeAutomation.h) afin de simplifier l'écriture du programme principale. Cette bibliothèque regroupe les principales fonctions répondant à nos besoins fonctionnels:

➢ Fonction d'allumage des LEDs.

➢ Fonction qui fait tourner le moteur DC dans le sens direct.

➢ Fonction qui fait tourner le moteur DC dans le sens indirect.

➢ Fonction qui mesure la température.

➢ Fonction qui mesure l'humidité.

➢ Fonction qui détermine la luminosité.

HomeAutomation.h regroupe aussi tous les "defines" qui correspondent aux différents paramètres du programme.

La figure 35 présente un organigramme qui décrit le fonctionnement du programme Arduino.

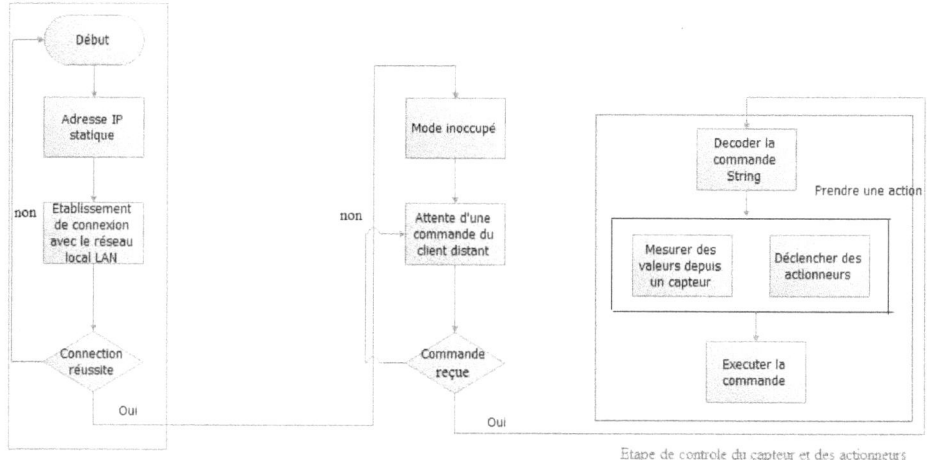

Figure 35. Organigramme de l'établissement de la connexion entre l'Arduino et l'internet

Le circuit correspondant à ce système est présenté dans la figure 36 ci-dessous qui est dessiné avec le logiciel Fritzing.

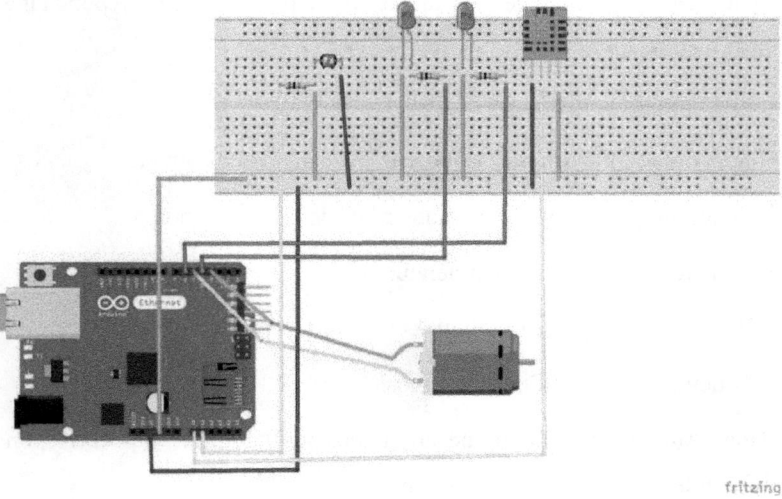

Figure 36. Montage du circuit Arduino

II.2 Développement de l'application Android :

Arrivons maintenant à l'étape de développement de l'application mobile sous Android. Notre application Android s'appelle **Smart House** c'est-à-dire maison intelligente, nous avons choisi cette appellation car elle signifie une maison communicante et intelligente pas comme les anciennes maisons. La figure 37 ci-dessous présente le logo de l'application.

Figure 37. Logo de l'application Smart House

II.2.a Les interfaces graphiques :

Après un long travail, d'étude et d'implémentation, nous voulons faire part de quelques interfaces qui montrent des idées concrètes de ce que nous avons entamé depuis le début.

- **Le menu de l'émulateur avec l'icône de l'application**

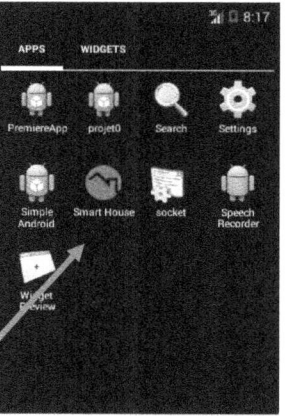

Figure 38. Menue avec l'icône de l'application Smart House

Cette interface représente le menu de l'émulateur avec les icônes des applications déjà existantes. On trouve aussi l'icône de la maison représentant notre application Smart House.

- **Interface d'identification :**

Comme mentionné dans la partie de conception, notre application est sécurisée et l'accès est limité pour la ou les personnes qui possèdent un nom d'utilisateur (username) et un mot de passe (password). En cliquant sur l'icône Smart House, cette page présentée dans la figure 39 apparait à l'utilisateur.

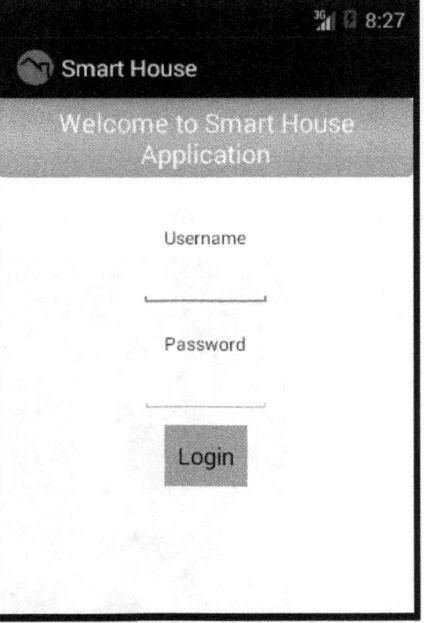

Figure 39. Interface d'identification

- **Interface du choix de la chambre :**

Après l'identification, l'utilisateur sera face à cette interface présentée dans la figure 40 pour choisir la chambre qu'il veut piloter.

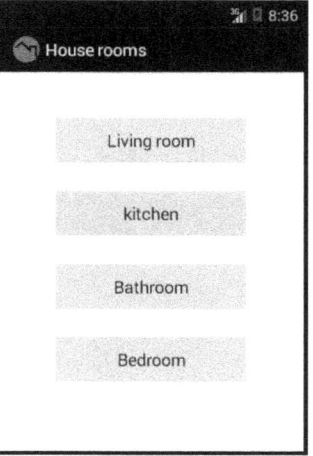

Figure 40. Interface du choix de la chambre

- **Interface de consultation de la température et de l'humidité :**

En choisissant une pièce, le client sera face une interface sous forme de 3 onglets, le premier est *CLIMATE* dans lequel il peut consulter la température et l'humidité de la pièce. La figure 41 montre cette interface.

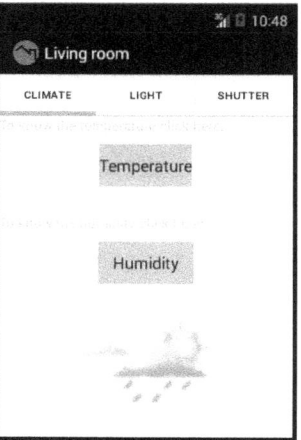

Figure 41. Interface de consultation de la température et de l'humidité

- **Interface d'allumage de la lampe :**

Si l'utilisateur veut commander la lumière à distance il choisit le deuxième onglet *LIGHT* qui est présenté par la figure 42 ci-dessous.

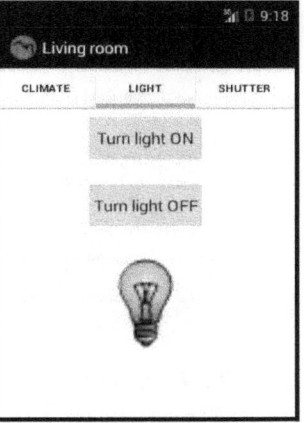

Figure 42. Interface d'allumage de la lampe

- **Interface d'ouverture/fermeture du volet roulant :**

Piloter les volets à distance c'est une idée très pratique, pour le faire l'utilisateur doit accéder au troisième onglet *SHUTTER*. La figure 43 le montre.

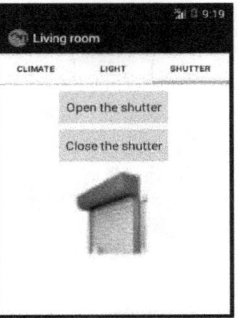

Figure 43. Interface de commande du volet roulant

Nous avons choisi de développer notre application sous la version Android 2.3 : **Gingerbread**. En fait, c'est la version la plus stable, et elle peut être adaptée aux versions supérieures ou inférieures.

III. Chronogramme du travail :

Dans cette partie nous allons présenter un tableau qui expliquera l'organisation chronologique que nous avons adoptée tout au long de la réalisation de notre projet de stage de fin d'études qui a duré quatre mois.

Tableau 2. Chronogramme du projet

Tâches	Février		Mars		Avril		Mai		Juin	
Recherche et documentation	▓									
Analyse et spécification		▓								
Conception			▓							
Implémentation				▓	▓	▓	▓			
Optimisation et mise au point du code					▓	▓	▓			
Rédaction du rapport						▓	▓	▓	▓	

Conclusion :

Dans ce chapitre, nous avons présenté en détail la réalisation de notre projet. Nous avons commencé par la description des environnements matériels et logiciels. Ensuite, nous avons présenté la réalisation de la partie Arduino. Puis, nous avons réalisé une navigation dans notre application en présentant des captures d'écran témoignant les différentes interfaces graphiques. Enfin, nous avons présenté les différentes étapes de la réalisation du projet dans un chronogramme des tâches.

Conclusion Générale

Dans ce rapport, nous avons présenté les différentes étapes menant à la réalisation d'un système de contrôle à distance d'une maison intelligente. Notre travail a débuté par une phase théorique, à travers de laquelle nous avons présenté le cadre général de notre travail. Dans le deuxième chapitre, nous avons présenté l'état de l'art et l'étude de l'existant. Ensuite dans le troisième chapitre, nous avons spécifié les besoins qui nous ont permis de préciser les différentes fonctionnalités du système. Puis, dans le quatrième chapitre, nous avons consacré pour exposer la conception de notre projet à travers une explication détaillée des différentes parties du système. En dernier lieu, nous avons conclu par la phase de réalisation qui décrit l'environnement matériel et logiciel utilisé ainsi que la réalisation du système.

Dans ce projet nous nous sommes intéressés à la conception et à la réalisation d'un système domotique qui est composé principalement de deux parties : une plateforme Arduino présentant une centrale électronique et une application mobile sous Android.

Avec la diversité des activités menées, ce projet nous a permis de consolider nos connaissances en conception et essentiellement dans la programmation orientée objet. Effectivement, l'utilisation de l'approche orientée objet dans le développement de l'application nous a permis d'apprendre à combiner le langage JAVA et le langage XML dans un même code. Nous avons également appris à travailler sur des cartes programmables ayant des capacités et des performances élevées, à savoir ARDUINO.

Les deux plus grandes difficultés de notre projet étaient : la première était d'établir la communication entre la carte Arduino et l'application Android, et l'autre était les contraintes de la disponibilité du matériel.

Notre système développé représente un prototype fonctionnel et prometteur d'un système de contrôle d'une maison à distance. En effet l'utilisateur a la possibilité de contrôler sa maison à distance de n'importe quel endroit dans le monde avec le réseau internet de manière fiable et efficace.

Notre système est principalement conçu pour offrir à l'utilisateur plus de confort et permet le contrôle à distance et à tout moment, les perspectives seraient donc d'élargir la portée du fonctionnement de ce système et ce en ajoutant quelques options et fonctionnalités qui peuvent servir à d'autres nouveaux besoins des utilisateurs :

- Ajouter plus de capteurs pour réaliser plus de fonctions telles que le capteur du gaz qui détecte s'il ya des fuites du gaz dans la maison.

- Ajouter au système la possibilité de notifier l'utilisateur en cas de détection des intrus à l'aide d'un capteur ultrason.

- Appliquer au système un rôle d'agent : il pourra se débrouiller tout seul s'il y aurait un problème par exemple : activer les chauffages en cas de baisse de la température.

En résumé, cette expérience a été très enrichissante. Malgré toutes les difficultés que nous avons rencontrées, nous avons pu les surmonter tout en satisfaisant les besoins fonctionnels.

Bibliographie

[B1] Xavier Blanc, **UML2 pour les développeurs**, 2006.

[B2] Presses Universitaires de France - PUF, **Le génie logiciel**, 2005

[B3] Andreas Goransson, David Cuartielles Ruiz, **Professional Android Open Accessory Programming with Arduino**, 2013

[B4] Henri LAUGIE, **Java et Eclipse - Développez une application Java**, Première Edition,

Collection : Coret Solutions, 2008

[B5] Zigurd Mednieks, Laird Dornin, G. Blake Meike, Masumi Nakamura, **Programming Android,** 2011

Nétographie

[N1] : http://www. http://www.ckab.com(Consulté le 20 Mai 2014)

[N2] : http : //www.smarthomeusa.com/info/smarthome(Consulté le 8 Février 2014)

[N3] : http://www.arduino.cc(Consulté le 11 Février 2014)

[N5] : http://www.moteur-industrie.com/moteurs-a-courrant-continu/technique.html(Consulté le 10 Avril 2014)

[N6] : http://www.journaldunet.com/ebusiness/internet-mobile/ventes-smartphone-monde.shtml(Consulté le 3 Juin 2014)

[N7] : http://developer.android.com/about/index.html(Consulté le 5 Mai 2014)

[N8] : http://www.commentcamarche.net/contents/113-langage-c(Consulté le 24 Mai 2014)

[N9] : http://developer.android.com/training/basics/supporting-devices/languages.html(Consulté le 24 Mai 2014)

[N10] : http://arduino.cc/en/Main/ArduinoEthernetShield(Consulté le 02 Mai 2014)

[N11] : http://fritzing.org/home/(Consulté le 02 Juin 2014)

[N12] : http://www.edrawsoft.com/edraw-uml.php(Consulté le 12 Mai 2014)

[N13] : http://developer.android.com/tools/sdk/eclipse-adt.html(Consulté le 14 Avril 2014)

[N14] : http://developer.android.com/sdk/index.html(Consulté le 14 Avril 2014)

[N15] : http://arduino.cc/en/main/software(Consulté le 12 Février 2014)

Glossaire

IDE : (Integrated Development Environment) : est une interface qui permet de développer, compiler et exécuter un programme dans un langage donné.

API : (Application Programming Interface) : Un API est une bibliothèque qui regroupe des fonctions sous forme de classes pouvant être utilisées pour développer.

UML : (Unified Modeling Language) : est un langage de modélisation graphique à base de pictogrammes.

Interface : C'est une définition de méthodes et de variables de classes que doivent respecter les classes qui l'implémente.

Package : (Paquetage) : Il permet de regrouper des classes par critères. Il implique une structuration des classes dans une arborescence correspondant au nom donné au package.

SDK : (Software Development Kit) : est un ensemble d'outils d'aide à la programmation proposé aux développeurs par l'éditeur d'un environnement de programmation spécifique ou d'un système d'exploitation.

XML : « Extensible Markup Langage », (« langage de balisage extensible » en français) est un langage informatique de balisage.

SPI : (Serial Peripheral Interface) est un bus de données série synchrone.

PDA : (Personal Digital Assistant), est un assistant numérique personnel, un pocket PC, ou un agenda électronique est un appareil numérique portable.

USB : (Universal Serial Bus), en français bus universel en série, est une norme relative à un bus informatique en transmission série.

Ethernet : Ethernet est un protocole de réseau local à commutation de paquets. Bien qu'il implémente la couche physique (PHY) et la sous-couche Media Access Control (MAC) du modèle IEEE 802.3, le protocole Ethernet est classé dans les couches de liaison de données (niveau 2) et physique (niveau 1).